Pragya Tiwari

Caraterísticas físico-químicas dos sedimentos da zona litoral

Pragya Tiwari

Caraterísticas físico-químicas dos sedimentos da zona litoral

Variações nas caraterísticas físico-químicas do sedimento da zona litoral da lagoa Piplani

ScienciaScripts

Imprint

Any brand names and product names mentioned in this book are subject to trademark, brand or patent protection and are trademarks or registered trademarks of their respective holders. The use of brand names, product names, common names, trade names, product descriptions etc. even without a particular marking in this work is in no way to be construed to mean that such names may be regarded as unrestricted in respect of trademark and brand protection legislation and could thus be used by anyone.

Cover image: www.ingimage.com

This book is a translation from the original published under ISBN 978-620-7-99516-5.

Publisher:
Sciencia Scripts
is a trademark of
Dodo Books Indian Ocean Ltd. and OmniScriptum S.R.L publishing group

120 High Road, East Finchley, London, N2 9ED, United Kingdom
Str. Armeneasca 28/1, office 1, Chisinau MD-2012, Republic of Moldova, Europe
Printed at: see last page
ISBN: 978-620-7-95268-7

Índice

Capítulo 1: Introdução

Um lago é exatamente o que o seu nome indica: um local para captar o escoamento e reter a água enquanto o solo e os detritos na água se depositam e se transformam em sedimentos. Os sedimentos no fundo dos lagos são uma fonte ou sumidouro de nutrientes em relação à coluna de água, contribuem para a turvação durante as tempestades, servem de meio de crescimento para as plantas aquáticas e locais de nidificação para os peixes, e fornecem o habitat necessário para sustentar uma grande variedade de invertebrados.

A zona litoral é a parte de uma lagoa, lago ou rio que se encontra perto da margem. O significado de "zona litoral" pode estender-se muito para além da zona intertidal. Os sedimentos litorais abrangem todos os habitats sedimentares situados entre a preia-mar e a baixa-mar, não abrangendo os habitats de sapal, de dunas de areia ou de seixos vegetados. As condições físicas ambientais prevalecentes e os processos geomorfológicos determinam a estrutura, a função e a composição biológica dos sedimentos litorais. A avaliação do estado dos sedimentos litorais deve ter em conta as componentes físicas e biológicas do sistema. Os sedimentos litorais apresentam frequentemente uma heterogeneidade espacial considerável na sua topografia, estrutura e composição sedimentar, o que resulta numa heterogeneidade correspondente na sua composição biológica associada.

Os sedimentos formam um sistema natural de proteção e filtragem nos ciclos materiais das águas. Os sedimentos nos nossos corpos aquáticos são um habitat importante, bem como a principal fonte de nutrientes para os organismos aquáticos. Os estratos sedimentares são um habitat importante para os macro invertebrados bentónicos cujas actividades metabólicas contribuem para a produtividade aquática. Os sedimentos são também o principal local de decomposição da matéria orgânica, que é em grande parte efectuada por bactérias. Importantes macro nutrientes estão continuamente a ser trocados entre o sedimento e a água sobrejacente (Abowei *et al.,* 2005 e Singare *et al.,* 2011). Além disso, os sedimentos têm um impacto na qualidade ecológica devido à sua qualidade, à sua quantidade ou a ambas (Stronkhorst *et al.,* 2004). Observa-se que a acumulação contínua de poluentes, devido a mecanismos biológicos e geoquímicos, causa um efeito tóxico nos organismos que vivem nos sedimentos e nos peixes, resultando numa diminuição da sobrevivência, num crescimento reduzido ou numa reprodução prejudicada e numa menor diversidade de espécies (Mucha *et al.,2003;* Praveena *et al.,2007* e Singare *et al.,2011*). Os sistemas aquáticos estão sujeitos a fortes variações de caudal, entrada e transporte de substâncias e sedimentação. A entrada de sedimentos pode ter impacto nas comunidades dos cursos de água através de uma variedade de processos diretos e indirectos (Oschwald, 1972), incluindo a redução da penetração da luz, o abafamento, a redução do habitat e a introdução de poluentes absorvidos (pesticidas, metais, nutrientes).

Os sedimentos são a areia solta, o lodo e outras partículas de solo que se depositam no fundo de uma massa de água (USEPA, 2002). Os sedimentos podem ser orgânicos ou inorgânicos, transportados pela água, vento e gelo ou outros agentes naturais para os lagos, ribeiros e lagoas. Podem provir da erosão do solo ou da decomposição de plantas e animais. Os sedimentos têm impacto na qualidade da água como resultado da sua natureza extremamente dinâmica devido à variedade de reacções e transformações biogeoquímicas (Ryding *et al.,* 1985; Bostrom *et al.,* 1988 e Chandrakiran *et al.,* 2013). Os sedimentos de fundo são uma mistura de material orgânico e inorgânico, derivado principalmente do lago e da sua bacia hidrográfica, mas o material em quantidades vestigiais também é derivado da atmosfera (Battarbee *et al.*, 1999 e Chandrakiran *et al.*, 2013).

O efeito da adição de sedimentos é simplesmente a redução da área de habitat disponível (David *et al.*, 1981). A estrutura dos sedimentos na zona intertribal desempenha um papel importante na distribuição dos organismos que vivem neles ou sobre eles (Barnes e Hughes, 1988; Ajao e Fagade, 1991; Khan *et al.*, 2003; Atabatele *et al.*, 2005; e Ikomi *et al.*, 2005). Os vários parâmetros físico-químicos dos sedimentos, como a salinidade, o pH e o carbono orgânico, podem também influenciar a ocorrência e a abundância das espécies neles distribuídas (Mclusky e Elliot, 1981).

Devido às propriedades físicas e químicas variáveis dos sedimentos, estes não só actuam como fonte e sumidouro de nutrientes num sistema aquático, mas também fornecem um registo da história de poluição do corpo aquático (Matisoff *et al.*, 1985; Mucha *et al.*, 2003; Tsai *et al.*, 2003 e Sharma *et al.*, 2013). A textura do sedimento refere-se especificamente às proporções de areia, silte e argila abaixo de 2000 micrómetros (2mm) de diâmetro numa massa de sedimento (Ivara *et al.*, 1999 e Sharma *et al.*, 2013). Os sedimentos compreendem muitas formas e tamanhos, desde silte, areia, pequenos seixos até pedregulhos. Infelizmente, a sobrepopulação, a erosão do solo local e a urbanização extensiva adicionam matéria orgânica ao corpo aquático que, ao decompor-se, liberta carbono orgânico total (COT) nos sedimentos, o que afecta negativamente as propriedades físico-químicas e biológicas dos sedimentos (Davies *et al.*, 2010 e Sharma *et al.*, 2013), acabando por deteriorar a produtividade das águas sobrejacentes (Bragadeeswaran *et al.*, 2007; Rauf *et al.*, 2009 e Sharma *et al.*, 2013).

A análise de sedimentos é cada vez mais importante na avaliação das qualidades do ecossistema total de uma massa de água, para além da análise de amostras de água praticada há anos (Singare *et al.*, 2010; Lokhande *et al.*, 2011; Singare *et al.*, 2011 e Sharma *et al.*, 2013). Em comparação com a análise da água, a análise dos sedimentos reflecte a situação da qualidade a longo prazo, independentemente das entradas actuais (Hodson *et al.*, 1986; Haslam *et al.*, 1990 e Sharma *et al.*, 2013). No ensaio de água, não é possível distinguir claramente entre substâncias em suspensão verdadeiras e substâncias em suspensão temporária agitadas a partir dos sedimentos. Os ensaios de sedimentos não são afectados, ou são-no apenas minimamente, por outras influências. As substâncias suspensas e precipitadas (não flutuantes) e as substâncias orgânicas nas águas são capazes de aderir às partículas poluentes (adsorção). Os sedimentos, tanto as substâncias suspensas como as precipitadas armazenadas no fundo da água, constituem um reservatório para muitos poluentes e substâncias vestigiais de baixa solubilidade e baixo grau de degradabilidade (Biney *et al.*, 1994; Barbour *et al.*, 1998; Barbour *et al.*, 1999 e Sharma *et al.*, 2013). Mas há menos informação disponível sobre a qualidade dos sedimentos das lagoas. A presente investigação tem por objetivo estudar as variações das caraterísticas físico-químicas dos sedimentos da zona litoral da lagoa de Piplani.

Capítulo 2: Revisão da literatura

Brenner *et al.*, (1999) utilizaram métodos paleolimnológicos para investigar os padrões espaciais e temporais da acumulação de sedimentos e nutrientes nos lagos das bacias superiores do rio St. O seu estudo foi concebido para avaliar as alterações a longo prazo na sedimentação e na acumulação de nutrientes na bacia. O mapeamento de sedimentos indica que os depósitos macios e orgânicos estão distribuídos uniformemente pelos lagos. Os sedimentos orgânicos são redepositados em locais a jusante. Os núcleos datados com Pb mostram que a acumulação de sedimentos orgânicos começou nos três lagos antes de 1900, mas que as taxas de acumulação de sedimentos e nutrientes a granel nos lagos aumentaram em geral desde então.

Rienks *et al.*, (2000) estudaram algumas propriedades físicas e químicas de sedimentos expostos numa ravina (donga) no norte de Kwazulu-Natal. Os resultados deste estudo concluíram que as percentagens de sódio permutável variavam entre 0% e 23% e os testes de dispersividade e erodibilidade revelaram uma gama de potencial de dispersão e erodibilidade ao longo da sequência de camadas coluviais e paleossolos. No entanto, foi encontrada uma fraca correlação entre os resultados dos diferentes ensaios de dispersão e as propriedades relacionadas com a dispersão. Um ensaio de erodibilidade utilizando uma calha mostrou uma correlação muito forte com a condutividade eléctrica (CE) e a razão de absorção de sódio (SRP) do extrato de pasta saturada e os valores de ESP. A elevada concentração com ESP e CE sugere que a dispersão desempenha um papel importante na erodibilidade dos materiais em condições de fluxo de água turbulento e de curta duração.

Pulatsu *et al.*, (2003), enquanto trabalhavam nas caraterísticas do fósforo do sedimento e da água, determinaram as mudanças na concentração de fósforo e ferro na água do lago e na água dos poros na zona litoral da lagoa Sakaryabasi. Observaram que a concentração de fósforo reativo solúvel era

4-5 vezes mais elevada na água de poros do que na água do lago. O teor de água do sedimento era elevado, a perda por ignição variava de 13 a 18% e o teor de ferro variava de 0,16 a 0,22 mg/gdw. O teor de fósforo total do sedimento era elevado, com uma variação de 0,64 a 1,70 mg/gdw.

Apesar de haver sedimentos calcários na área de drenagem, uma quantidade relativamente baixa de fósforo estava ligada ao cálcio e ao alumínio.

Sondergaard *et al.*, (2003) estudaram o papel dos sedimentos e da carga interna de fósforo em lagos pouco profundos. Verificaram que, em lagos onde a carga externa foi reduzida, a carga interna de fósforo pode impedir a melhoria da qualidade da água do lago. Com cargas internas elevadas, a concentração aumenta sobretudo no verão e a retenção de fósforo pode ser negativa durante a maior parte do verão. A importância da carga interna de fósforo é altamente influenciada pela estrutura biológica no pelágico e pela passagem dos lagos de um estado turvo para um estado de águas claras. No entanto, a carga interna pode voltar a aumentar se o estado turvo regressar. A recuperação após o fósforo no sedimento, mas em alguns lagos a retenção negativa de fósforo continua durante décadas.

Galman *et al.*, (2006) apresentaram uma revisão sobre uma comparação de varves sedimentares em dois lagos suecos. Investigaram a comparação dos varves nas duas bacias profundas de Nylandssjon e nos dois lagos. A comparação das bacias mostrou que a espessura das varvetas, o teor de água e as taxas de acumulação anual de matéria orgânica e azoto estão correlacionados para o período (1970-2003). As curvas da escala de cinzentos só são claramente semelhantes em cerca de 50% das varves. Uma explicação geral para as diferenças é o facto de os requisitos para a formação de varves não serem totalmente semelhantes devido a diferenças na dimensão da bacia hidrográfica, nos fluxos de material da bacia hidrográfica para o lago, na produtividade do lago e na influência do uso do solo. Os autores concluíram com o seu estudo que a relação complexa que existe entre os lagos, a sua bacia hidrográfica, a produtividade do lago e a formação de varves sedimentares.

Higgins *et al.*, (2006) estudaram as propriedades físico-químicas dos sedimentos da bacia de Loveday, uma zona húmida semipermanente historicamente inundada de forma natural. A zona húmida foi utilizada como bacia de eliminação de águas de irrigação salinas provenientes da zona agrícola circundante. A eliminação da água de irrigação nesta bacia levou a uma salinização crescente e à acumulação de sedimentos de sulfureto. Os autores concluíram que o gesso é o sal de sulfato predominante presente nos sedimentos de Loveday. E sugeriram que está em grande parte confinado aos sedimentos superficiais e às fissuras da rede macropedal, a precipitação de gipsita é controlada pela evaporação.

Ansa e Francis (2007), ao efectuarem um estudo de base sobre as caraterísticas dos sedimentos do Delta do Níger. Concluíram que as caraterísticas dos sedimentos revelaram um solo de areia arenosa a argilosa com um pH de 4,09 a 5,04. Os valores de carbono orgânico variaram entre 0,17 no solo arenoso e 3,01 no solo de areia lamacenta.

Li *et al.*, (2007) estudaram a geoquímica dos sedimentos do Lago Biwa. Foram examinados com análise estatística de factores para encontrar quaisquer padrões de correlação entre elementos e entre amostras. Os autores utilizaram uma correlação para determinar a concentração de elementos que variam entre diferentes grupos de amostras e explicaram os padrões de variação observados.

Ju *et al.*, **(2009)**, enquanto trabalhavam na química da água e dos sedimentos do Lago Pumayum, tiveram implicações na interpretação do carbonato dos sedimentos. Utilizaram uma combinação de química da água e dos sedimentos para investigar a produção e preservação de carbonato neste lago. Eles compararam a composição química da água do lago em várias partes deste e descobriram que a perda de cálcio resulta da sedimentação de calcita que é induzida pela evaporação e precipitação. O estudo revelou que o carbonato de cálcio é o carbonato predominante neste lago. Os autores verificaram que a correlação positiva no sedimento entre a concentração de carbono inorgânico total, cálcio, carbono orgânico total e azoto total confirma que a maioria dos carbonatos no sedimento são endógenos.

Gerhardt *et al.*, **(2010)** estudaram a absorção e libertação de fosfato pelo sedimento litoral de um lago de água doce sob a influência da luz. O estudo conclui que a libertação e a absorção de compostos de fosfato foram medidas com núcleos de sedimentos incubados sob a influência da luz, da erosão e da sedimentação. A iluminação da superfície do sedimento aumentou a absorção de ortofosfato e fósforo total no início da manhã e diminuiu a libertação de fosfato total no verão. A erosão da superfície do sedimento não aumentou a libertação ou a absorção de fosfato. Os resultados documentam que a absorção e a libertação de fosfato nos sedimentos litorais são influenciadas pela estação do ano e diferem entre o início da primavera e o fim do verão e, numa escala temporal curta, as taxas específicas de absorção e libertação são influenciadas por mudanças de luz-escuridão e por perturbações mecânicas.

Ezequiel *et al.*, (2011) estudaram as caraterísticas físicas e químicas do sedimento no rio Sombreiro. Eles descobriram que o tamanho das partículas do sedimento neste rio, o pH do sedimento é ácido em todas as estações e segue os padrões do pH da água, comparativamente; o sedimento é mais ácido do que a água. Eles relataram que os valores de condutividade dos sedimentos variaram de 40 a 1.490 µS/cm. A percentagem de carbono orgânico variou de 2,020 a 4,134%, os valores de nitrato, fosfato e sulfato dos sedimentos variaram de 2,6 a 4,1 mg/kg, 8,90 a 15,7 mg/kg e 21,0 a 30,0 mg/kg, respetivamente. O teor de hidrocarbonetos totais dos sedimentos do rio Sombreiro variou de 21,6 a 52,7 mg/kg.

Kunz *et al.* (2011), enquanto trabalhavam na acumulação de sedimentos e na deposição de carbono, azoto e fósforo, examinaram núcleos de sedimentos para quantificar a acumulação de sedimentos, carbono orgânico, azoto e fósforo e as mudanças históricas e a variabilidade espacial no padrão de sedimentação no Lago Kariba. As caraterísticas dos sedimentos mostraram uma grande variabilidade tanto com a profundidade dos sedimentos como entre

núcleos. A matéria orgânica nos deltas dos rios era principalmente de origem alóctone, as caraterísticas da matéria orgânica nos sedimentos lacustres sugerem que as fontes autóctones representam >45% do lago. Os autores também observaram que a contribuição relativa de material alóctone em camadas individuais de núcleos lacustres variava consideravelmente com a profundidade devido a depósitos de inundação discretos

Marathe *et al.*, (2011) ao efectuarem um estudo sobre as caraterísticas dos sedimentos do rio Tapti. Concluíram que os valores de carbono orgânico no solo arenoso variavam entre 0,16% e 0,5454%. A condutividade eléctrica em dez estações de amostras de sedimentos varia de 3,11 a 5,05 dsm^{-1}. O azoto e o potássio disponíveis em dez amostras variam de 6,7 a 20,7 kg/ha. Nos sedimentos do rio Tapti, o cálcio permutável variou de 13,97 a 16,07 me/100 gm.

Singare *et al.*, (2011) estudaram os parâmetros físico-químicos do ecossistema de sedimentos que está preocupado com a monitorização da carga de poluição. Os autores relataram que os parâmetros físico-químicos como condutividade eléctrica, cloreto, sulfato, sulfureto e teor de fósforo em amostras de sedimentos foram maiores durante o segundo ano em comparação com o ano de estudo. O estudo conclui também que o aumento da carga poluente atual pode afetar os organismos que vivem nos sedimentos e os peixes, resultando numa diminuição da sobrevivência, num crescimento reduzido e numa menor diversidade de espécies.

Sahni e Yadav (2012) estudaram a variação sazonal dos parâmetros físico-químicos da lagoa de Bharawas. Os autores relataram que a maioria dos parâmetros físico-químicos, como temperatura, transparência, condutividade eléctrica, dióxido de carbono livre, Do, cloreto, carbonato, bicarbonato. O cálcio, o magnésio, a salinidade, o TDS, a alcalinidade total, a dureza total e o fosfato foram encontrados para além do limite permitido. O estudo conclui que a lagoa está altamente poluída devido à descarga descontrolada de efluentes de lacticínios, o que conduz à eutrofização. A massa de água recetora de poluentes apresenta-se como um deserto aquático que é muito inadequado para a biota aquática e para a aquicultura.

Tukura *et al.*, (2012) estudaram as caraterísticas físico-químicas da água e dos sedimentos no rio Mada. O estudo concluiu que as caraterísticas físico-químicas das águas superficiais e dos sedimentos variavam consoante a estação do ano. As propriedades físico-químicas dos sedimentos e da água aumentaram significativamente durante a estação das chuvas, exceto no que diz respeito ao nitrato, fosfatos e sulfatos.

Um estudo sobre a variação sazonal das propriedades físico-químicas no ecossistema lótico de água doce foi efectuado por **Bhandarkar e Bhandarkar (2013)**. O estudo revelou que a maioria das propriedades de todos os locais apresenta uma variação moderada na sua concentração em todas as estações. Os dois locais têm maior concentração de nutrientes devido a actividades antropogénicas. Os três ecossistemas investigados estão ligeiramente poluídos.

Chandrakiran e Sharma (2013) efectuaram um extenso trabalho sobre a avaliação das caraterísticas físico-químicas dos sedimentos de um lago do Baixo Himalaia. O estudo conclui que os sedimentos indicavam que a classe granulométrica dominante era a areia, seguida do silte e da argila. Os sedimentos podem ser designados como ligeiramente orgânicos e a matéria orgânica foi um fator-chave que controla o teor de humidade, o pH e o azoto. Os sedimentos estavam sob pressão de fontes antropogénicas, como descargas domésticas, banhos e lavagens comunitários, escoamento agrícola, construção, etc., o que resultou no início da carga orgânica nos sedimentos.

Etesin *et al.*, (2013) estudaram as variações sazonais dos parâmetros físico-químicos da água e do sedimento do rio Iko. O estudo conclui que o sedimento do rio tinha caraterísticas ácidas e era predominantemente de areia de grão médio a fino e menos de silte e argila, indicando que o rio Iko não é um sumidouro importante para metais pesados e poluentes orgânicos, o que implica que, em caso de descarga acidental de poluentes químicos, estes permanecerão na coluna de água durante mais tempo, ficando assim acessíveis à biota. A variação do oxigénio dissolvido não foi significativa em ambas as estações e foi superior ao limite de 5,0 mg/l da OMS para águas superficiais, indicando um ambiente altamente oxidado. O teor de fosfato do sedimento do rio foi inferior, em ambas as estações, à média dos solos, ao passo que os teores de azoto total, carbono orgânico total e enxofre foram superiores à média dos solos. A partir dos resultados obtidos neste estudo, foi estabelecido que havia variações sazonais e locais nos níveis médios dos parâmetros físico-químicos da água e dos sedimentos.

Um estudo sobre as caraterísticas dos sedimentos do rio Tawi foi efectuado por **Sharma *et al.,* (2013)**. Os autores utilizaram a análise de variância e a Correlação de Pearson para analisar os dados. Observaram que os sedimentos do rio Tawi tinham a areia como principal contribuinte, seguida de silte e argila. A percentagem de carbono orgânico total, matéria orgânica total e azoto total indicaram os efeitos da incorporação dos efluentes nos sedimentos naturais do rio Tawi. No entanto, a concentração e a dispersão destes parâmetros foram moderadas e comparativamente inferiores ao valor médio.

Suanon *et al.,* (2013) enquanto trabalhava nas caraterísticas físico-químicas dos sedimentos da Barragem de Okpara, com especiação de Ferro e Manganês. O estudo conclui que a barragem estava a sofrer uma poluição orgânica significativa, e os sedimentos continham concentrações elevadas na fração redutível de ferro e teores relativamente elevados de fração permutável, fração hidrolisável em ácido e fração residual de manganês. Os teores de metais nos sedimentos eram relativamente elevados e variavam consoante as fases geoquímicas.

Capítulo 3: Área de estudo

Bhopal é a segunda maior cidade de Madhya Pradesh e foi nomeada capital do Estado em 1956. É o centro nevrálgico administrativo e político do estado. Bhopal é famosa pela sua fusão fascinante de beleza pitoresca, charme histórico antigo e planeamento urbano contemporâneo. Além disso, é famosa pelos seus lagos históricos e, como tal, é também conhecida como a cidade dos lagos. Bhopal está situada num terreno montanhoso no planalto de Malwa, na autoestrada nacional 12, que liga a cidade a muitas grandes cidades do noroeste e do sudeste.

Clima da zona de estudo

O distrito goza de um clima tropical moderado. Normalmente, a temperatura varia entre 9^0 C e 42^0 C. No mês mais quente de maio, as temperaturas médias diárias máximas e mínimas atingem 41^0 C e 27^0 C, com uma atmosfera quente e abrasadora e ventos carregados de poeira. Nos meses de dezembro e janeiro, as temperaturas médias diárias máximas e mínimas descem para 20-25^0 C e 5-10^0 C, respetivamente. De acordo com a distribuição da precipitação e a variação da temperatura, podem reconhecer-se quatro estações na Índia central: inverno (novembro a fevereiro), verão (março a maio), monção (junho a agosto) e pós-monção (setembro a outubro).

Lagoa de Sarangpani:

Esta massa de água é também designada por Piplani Pond, uma vez que se situa na zona de Piplani da cidade de Bhopal da BHEL (Bharat Heavy Electricals Ltd.) e se encontra entre a Latitude 23°12'13.23" N e Longitude 77°25'18.31 "E a uma altitude de 1601 pés. Este é utilizado principalmente para a piscicultura. Devido à mistura de efluentes enriquecidos organicamente provenientes da captação, a qualidade da massa de água degradou-se. Existem poucos Dhobi Ghats (locais de lavagem de roupa) ao longo da periferia da lagoa. Para além disso, grandes quantidades de resíduos domésticos dos arredores são também adicionados à lagoa. A maior parte do tempo, a lagoa está coberta de *Eichornia crassipes* e de algas verdes, principalmente de cianobactérias. Para o presente estudo, foram selecionados três locais de amostragem na lagoa.

Fig.3.1. Fotos dos sítios de amostragem

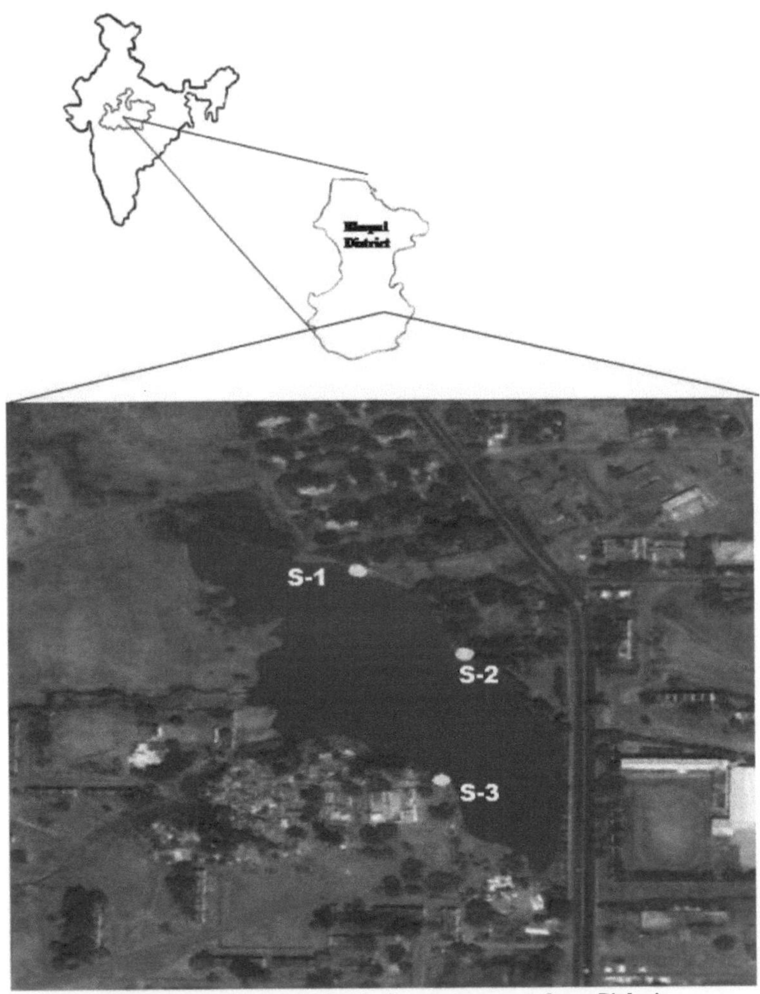

Fig. 3.2. Localização dos locais de amostragem na lagoa Piplani

Capítulo 4: Materiais e métodos

4.1. Amostragem de sedimentos

A amostragem foi efectuada mensalmente de agosto de 2013 a setembro de 2013. A amostra foi colhida utilizando a pinça Peterson. As amostras foram embaladas em sacos de polietileno herméticos e transportadas para o laboratório para análise posterior. A análise foi realizada em amostras húmidas e secas. Foram analisados diferentes parâmetros físico-químicos em amostras secas ao ar. Para avaliar os parâmetros químicos dos sedimentos, foram seguidos os métodos normalizados de Jackson (1973) e Page *et al.* (1982).

4.2. Secagem de sedimentos

As amostras de sedimentos foram secas ao ar antes da análise. Para a investigação de constituintes inorgânicos ou orgânicos não voláteis, considera-se geralmente que a secagem ao ar não afecta os resultados do teor total de poluentes (Jones *et al*, 1983).

4.3. Trituração e peneiração de sedimentos

Após uma secagem adequada, as amostras de sedimentos foram trituradas num almofariz de pilão. De seguida, os sedimentos foram peneirados através de um peneiro de 2 mm. A peneiração é efectuada porque os sedimentos contêm uma grande quantidade de material grosseiro (detritos, rocha, conchas, madeira>2mm dia), que pode interferir na análise.

4.4. Extrato de água de sedimentos

Foram elaborados dois tipos de extrato de água de sedimentos (1:4 e 1:2) para a análise de vários parâmetros. O extrato 1:4 foi feito dissolvendo 25 g de sedimento seco peneirado em 100 ml de água destilada e agitado continuamente no agitador rotativo durante cerca de 1 hora e filtrado através de papel de filtro Whatman NO.1 para obter o extrato. Da mesma forma, o extrato 1:2 de sedimento em água foi obtido dissolvendo 10 g de amostra de sedimento seco peneirado em 20 ml de água destilada, utilizando o mesmo procedimento que no caso do extrato 1:4, mas aqui o tempo de agitação foi de 30 minutos em vez de 1 hora. Em seguida, o extrato 1:4 foi utilizado para a análise de Ca^2+, Mg^2+ e cloreto. Da mesma forma, o extrato 1:2 foi utilizado para o pH e a condutividade.

4.5. Perda na ignição

Para a determinação da perda por ignição, colocar 5 gm. Solo seco no forno num cadinho previamente pesado e colocar o cadinho na mufla até a temperatura atingir 700°c durante 30 minutos. Retirar o cadinho do forno e, após arrefecimento, pesá-lo novamente. Registar a perda por ignição utilizando a seguinte fórmula

$$\% \text{ Loss on ignition} = \frac{\text{loss in weight}}{\text{intial weight}} \times 100$$

4.6. Medição do pH

O pH dos sedimentos foi determinado em laboratório utilizando um medidor de pH digital. O medidor de pH foi padronizado contra pH 7 e pH 9 antes de ser utilizado. Após a calibração do medidor de pH, o pH da amostra foi obtido utilizando um extrato de água de sedimentos 1:2.

4.7. Condutividade eléctrica (CE)

Foi utilizado um medidor de condutividade digital para registar a condutividade das amostras de água. Antes da sua utilização, foi padronizado com KCl 0,1N. Para a medição da condutividade, foi utilizado um extrato 1:2 de sedimentos e água destilada.

4.8. Teor de cloreto

Para a determinação do cloreto, titulou-se 10 ml de extrato 1:4 com AgNO3 0,01N até à formação de cor amarela, adicionando 1 ml de indicador K2Cr2O4 até a cor mudar para tijolo fraco. A partir do volume de titulante utilizado, o teor de cloreto no sedimento foi calculado pela fórmula e os resultados foram expressos em meq/l.

$$Cl\ (meq/l) = \frac{(V - B) \times N \times R \times 1000}{Wt}$$

Onde:

V = Volume de AgNO3 0,01 N titulado para a amostra (ml)

B = Volume de titulação do branco (ml)

R = Relação entre o volume total do extrato e o volume do extrato utilizado na titulação.

N = Normalidade da solução de AgNO3.

Wt = Peso do solo seco ao ar (g)

4.9. Cálcio e magnésio solúveis em água

O cálcio e o magnésio solúveis em água foram estimados pelo método (titulação com EDTA). 10 ml de extrato aquoso de sedimento 1:4 foram diluídos para 20 ml com água destilada e depois titulados contra uma solução de EDTA 0,01 N, até a cor mudar de vermelho vinho para azul, adicionando 1 ml de tampão de amónio, utilizando o negro de Eriocromo - T como indicador de cálcio mais magnésio. No outro extrato, foram adicionadas 5-10 gotas de NaOH 2 N e, em seguida, uma pitada de indicador de murexido (50 mg), tendo sido observada a mudança de cor de vermelho alaranjado para púrpura no caso do cálcio. Os resultados foram expressos em mg/kg de sedimentos. Foi efectuado um ensaio em branco da mesma forma que a amostra. Os cálculos foram efectuados utilizando as seguintes fórmulas

$$\textbf{Ca or Ca + Mg (meq/l)} = \frac{(V - B) \times N \times R \times 1000}{Wt}$$

Onde:

V = Volume de EDTA titulado para a amostra (ml)

B = Volume de titulação do branco (ml)

N = Normalidade da solução de EDTA (0,01)

R = Relação entre o volume total do extrato e o volume do extrato utilizado na titulação.

Wt= Peso do solo seco ao ar (g)

4.10. Cálcio

O cálcio solúvel em água foi estimado utilizando o método (titulação com EDTA). 10 ml de extrato aquoso de sedimento 1:4 foram diluídos para 20 ml com água destilada e depois titulados contra uma solução de EDTA 0,01 N, até a cor mudar de vermelho vinho para azul, adicionando 1 ml de tampão de amónio, utilizando EBT como indicador de cálcio. No outro extrato, foram adicionadas 5-10 gotas de NaOH 2 N e, em seguida, uma pitada de indicador de murexido (50 mg), tendo-se observado a mudança de cor de vermelho alaranjado para púrpura no caso do cálcio. Os resultados foram expressos em meq/l de sedimentos. Foi efectuado um ensaio em branco da mesma forma que a amostra. Os cálculos foram efectuados utilizando as seguintes fórmulas

$$\textbf{Ca (meq/l)} = \frac{(V - B) \times N \times 10 \times 1000}{Wt}$$

Onde:

V = Volume de EDTA titulado para a amostra (ml)

B = Volume de titulação do branco (ml)

N = Normalidade da solução de EDTA.

A = ml de extrato de sedimento utilizado para a titulação

Wt= Peso do solo seco ao ar (g)

4.11. Magnésio

O magnésio dos sedimentos foi calculado pela seguinte fórmula

$$\mathbf{Mg\ (meq/l) = Ca + Mg(meq/l) - Ca(meq/l)}$$

4.12. Carbono orgânico

Foi calculado pelo método de titulação de Walklay e Blake. O carbono orgânico foi calculado tomando 0,25 g de sedimento num erlenmeyer de 500 ml, adicionando-lhe 10 ml de 1 N K_2 Cr O_{27} , agitando para misturar bem, depois adicionando 20 ml de H conc.$_2$ SO_4 (contendo $AgSO_4$), deixando a mistura reacional durante 30 minutos numa folha de amianto, depois adicionando 200 ml de água destilada, 10 ml de H3PO4 e agitando vigorosamente. Em seguida, adicionar 10 ml de indicador difenilamino e colocar o balão num agitador magnético. O conteúdo foi então titulado com sulfato de amónio ferroso 0,5 N até a cor mudar de azul violeta para verde. Posteriormente, as titulações em branco são efectuadas sem sedimentos num processo semelhante. O carbono orgânico foi calculado utilizando as seguintes fórmulas:

$$\mathbf{Total\ organic\ carbon\ (\%) = \frac{[S-T] \times 0.3 \times 0.5 \times 1.334}{Wt}}$$

Onde:

N = Normalidade da solução de k2cr2O7

T = Volume de FeSO4 utilizado na titulação da amostra (ml)

S = Volume de FeSO4 utilizado na titulação em branco (ml)

Wt = peso da amostra (g)

4.13. Matéria orgânica

A matéria orgânica foi obtida multiplicando o carbono orgânico pelo fator de Van Bemmelen de 1,724, com base no pressuposto de que a matéria orgânica contém 58% de carbono orgânico.

$$\textbf{Organic matter (\%)} = \textbf{1.724} \times \textbf{totalorganiccarbon (\%)}$$

4.14. Fósforo total

O fósforo total foi estimado pelo método de digestão triácida. Um peso conhecido de sedimento seco ao ar foi digerido em ácido perclórico após pré-tratamento com ácido nítrico. As amostras foram digeridas até ao aparecimento de fumos brancos de ácido perclórico e à brancura da sílica. Deixou-se arrefecer a digestão, que foi aumentada até um certo volume com água destilada e filtrada com papel de filtro Whatman n.º 42. Tomou-se uma alíquota de volume adequado e diluiu-se para determinar o fósforo total por espetrofotometria (Model-Systronics 106) com azul de molibdénio. As concentrações foram calculadas a partir das respectivas curvas padrão e os resultados expressos em mg/100gm.

$$\textbf{Total phosphorus (\%)} = \frac{\textbf{mg P/L of digest}}{\textbf{20}} \times \textbf{D}$$

D = fator de diluição, se o digerido final tiver sido mais diluído. Para converter os valores em mg/100 g, multiplicar os resultados em % por 1000.

Capítulo 5: Resultados

Os dados experimentais sobre as propriedades físico-químicas das amostras de sedimentos recolhidas em três estações de amostragem diferentes na lagoa Piplani de Bhopal são apresentados nos quadros 5.1 e 5.2.

Tabela 5.1. Caraterísticas físico-químicas das amostras de sedimentos em diferentes locais durante o mês de agosto

S.no.	Parameters	Site-1	Site-2	Site-3
1.	Loss on ignition (%)	0.29	0.28	0.22
2.	pH	8.6	8.3	8.4
3.	conductivity (μS/cm)	746	748	712
4.	Chloride (meq/l)	0.2	0.4	0.8
5.	Calcium (meq/l)	4.8	2.8	2.4
6.	Magnesium (meq/l)	1.6	3.2	2.8
7.	Total phosphorus (mg/100g)	40	40	30
8.	Organic carbon (%)	6.72	1.6	1.44
9.	Organic matter (%)	11.58	2.75	2.48

Tabela 5.2. Caraterísticas físico-químicas das amostras de sedimentos em diferentes locais durante o mês de setembro

S. No.	parameters	site1	site2	site3
1.	Loss on ignition (%)	8.6	4.6	2.8
2.	pH	6.4	6.8	6.7
3.	conductivity (μS/cm)	1009	1009	1009
4.	Chloride (meq/l)	1.0	0.2	0.6
5.	Calcium (mcq/l)	7.2	6.4	10.0
6.	Magnesium (meq/l)	2.8	4.4	6.8
7.	Total phosphorus (mg/100g)	44	45	49
8.	Organic carbon (%)	7.68	11.2	0.96
9.	Organic matter (%)	13.24	19.30	1.65

5.1. Perda na ignição:

Durante o presente período de estudo, a perda na ignição apresentou valores mais elevados durante setembro de 2013, variando de um mínimo de 2,8% no local-3 a um máximo de 8,6% no local-1, com um valor médio de 5,3. No entanto, os valores mais baixos de perda na ignição foram registados durante o mês de agosto de 2013, variando entre um valor mínimo de 0,22% no local-3 e o valor máximo de 0,29 no local-1, com um valor médio de 0,26. (Fig. 5.1)

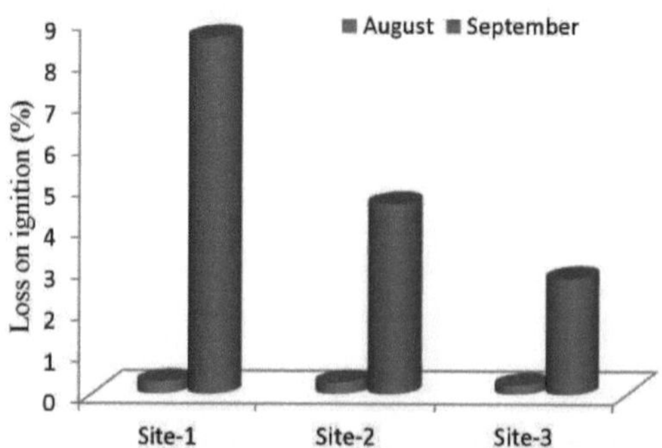

Fig. 5. 1. Variações nos valores de perda por ignição da amostra de sedimentos em diferentes locais durante agosto-setembro de 2013

5.2. pH

Durante o presente período de estudo, o pH apresentou valores mais elevados durante o mês de agosto de 2013, variando entre um mínimo de 8,3 no local-2 e um máximo de 8,6 no local-1, com um valor médio de 8,43. No entanto, os valores mais baixos de pH foram registados em setembro de 2013, variando entre o valor mais baixo de 6,4 no local-1 e o valor mais alto de 6,8 no local-2, com um valor médio de 6,63. (Fig. 5.2)

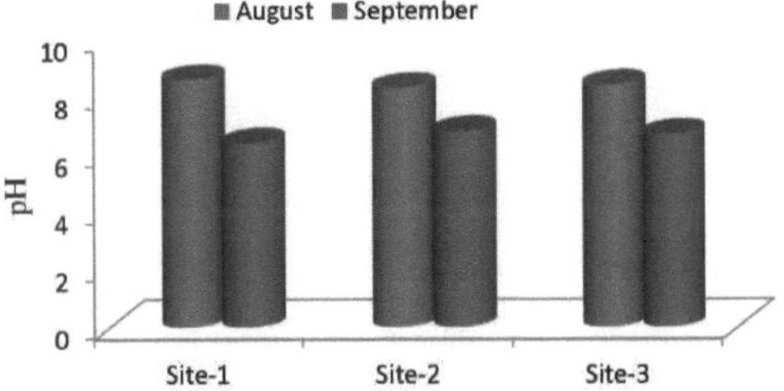

Fig 5.2. Variações nos valores de pH da amostra de sedimentos em diferentes locais durante agosto-setembro de 2013.

5.3. Condutividade eléctrica:

Durante o presente período de estudo, a Condutividade Elétrica mostrou valores mais altos durante setembro de 2013 com um valor de 1009 µS/cm em todos os três locais com um valor médio de 1009. No entanto, os valores mais baixos de Condutividade Elétrica foram registados durante o mês de agosto de 2013, variando de um valor mínimo de 712 µS/cm no local 3 para o valor máximo de 748 µS/cm no local 2 com um valor médio de 735,3 µS/cm. (Fig. 5.3)

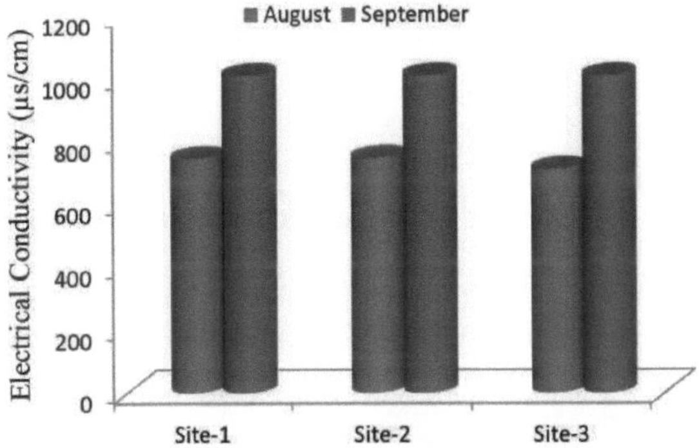

Fig. 5.3. Variações nos valores de Condutividade Eléctrica da amostra de sedimentos em diferentes locais durante agosto-setembro de 2013

5.4. Cloreto

Durante o presente período de estudo, o Cloreto apresentou valores mais elevados durante setembro de 2013, variando de um mínimo de 0,2 meq/l no local-2 a um máximo de 1,0 meq/l no local-1, com um valor médio de 0,6. No entanto, os valores mais baixos de cloreto foram registados em agosto de 2013, variando entre um valor mínimo de 0,2 meq/l no local 1 e o valor máximo de 0,8 meq/l no local 3, com um valor médio de 0,46. (Fig. 5.4)

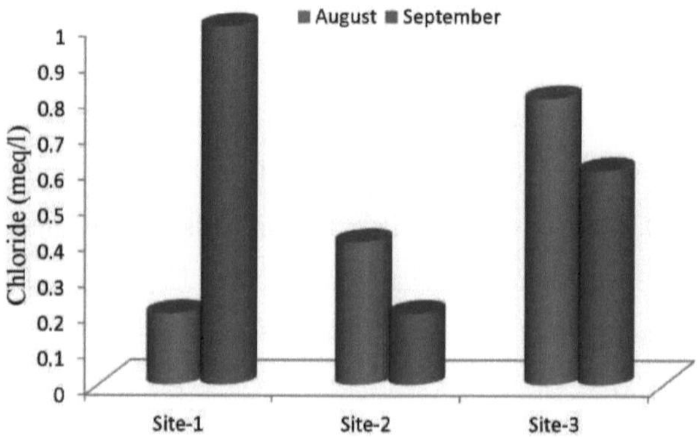

Fig. 5.4. Variações nos valores de cloreto da amostra de sedimentos em diferentes locais durante agosto-setembro de 2013

5.5. Cálcio

Durante o presente período de estudo, o cálcio apresentou valores mais elevados durante setembro de 2013, variando de um mínimo de 6,4 meq/l no local-2 a um máximo de 10 meq/l no local-3, com um valor médio de 7,86. No entanto, os valores mais baixos de cálcio foram registados durante o mês de agosto de 2013, variando entre o valor mais baixo de 2,4 meq/l no local-3 e o valor mais alto de 4,8 meq/l no local-1, com um valor médio de

3,3. (Fig. 5.5)

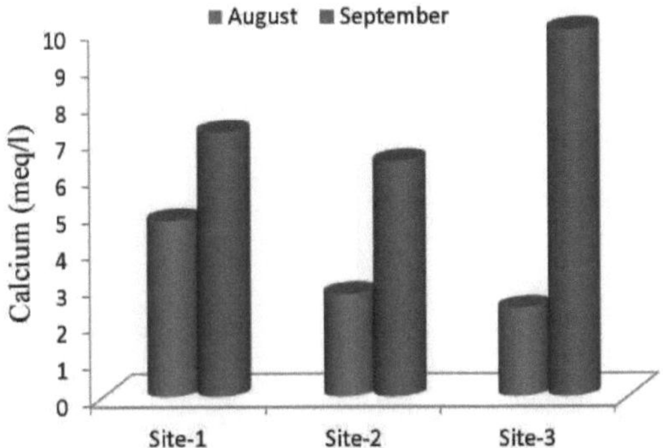

Fig. 5.5. Variações nos valores de cálcio da amostra de sedimentos em diferentes locais durante agosto-setembro de 2013

5.6. Magnésio

Durante o presente período de estudo, o magnésio apresentou valores mais elevados durante setembro de 2013, variando de um mínimo de 2,8 meq/l no local-1 a um máximo de 6,8 meq/l no local-3, com um valor médio de 4,66. No entanto, os valores mais baixos de magnésio foram registados durante agosto de 2013, variando de um valor mínimo de 1,6 meq/l no local-1 para o valor máximo de 3,2 meq/l no local-2, com um valor médio de 2,53. (Fig. 5.6)

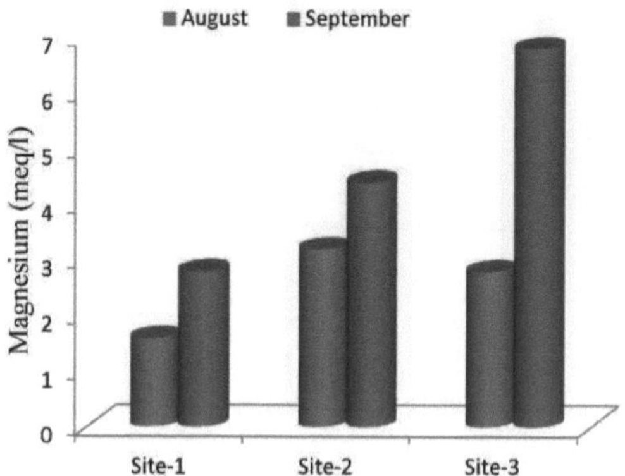

Fig 5.6. Variações nos valores de magnésio da amostra de sedimentos em diferentes locais durante agosto-setembro de 2013

5.7. Fósforo total

Durante o presente período de estudo, o Fósforo Total apresentou valores mais elevados durante setembro de 2013, variando de um mínimo de 44 mg/100gm no local-1 a um máximo de 49 mg/100gm no local-3, com um valor médio de 46,0. No entanto, os valores mais baixos de Fósforo Total foram registados durante agosto de 2013, variando de um valor mais baixo de 30 mg/100gm no local-3 para o valor mais alto de 40 mg/100gm no local-1 e 2 com um valor médio de 36,6. (Fig. 5.7)

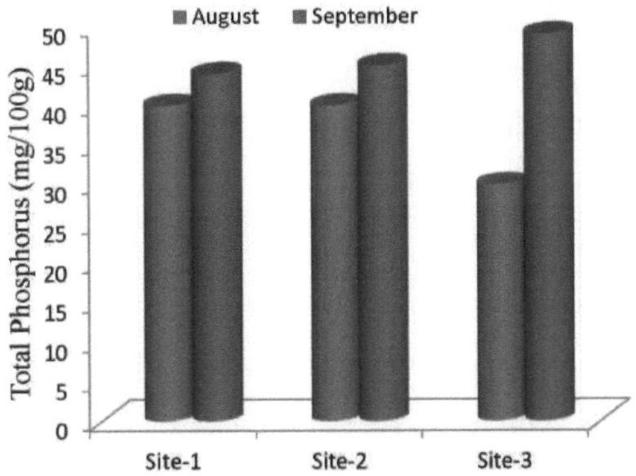
Fig 5.7. Variações nos valores de Fósforo Total da amostra de sedimentos em diferentes locais durante agosto-setembro de 2013

5.8. Carbono orgânico

Durante o presente período de estudo, o Carbono Orgânico apresentou valores mais elevados durante setembro de 2013, variando entre um mínimo de 0,96% no local-3 e um máximo de 11,2% no local-2, com um valor médio de 6,61. No entanto, os valores mais baixos de carbono orgânico foram registados durante o mês de agosto de 2013, variando entre os valores mais baixos de 1,4% no local-3 e o valor mais alto de 6,7% no local-1, com um valor médio de 3,25. (Fig. 5.8)

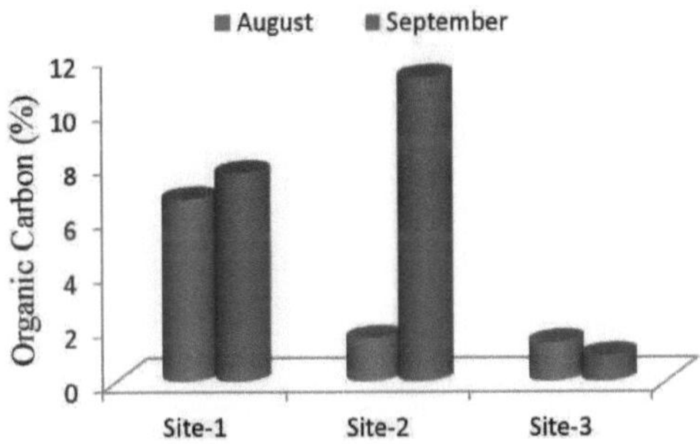
Fig. 5. 8. Variações nos valores de carbono orgânico da amostra de sedimentos em diferentes locais durante agosto-setembro de 2013

5.9. Matéria orgânica

Durante o presente período de estudo, a Matéria Orgânica apresentou valores mais elevados durante setembro de 2013, variando de um mínimo de 1,65% no local-3 a um máximo de 19,3% no local-2, com um valor médio de 11,39. No entanto, os valores mais baixos de Matéria Orgânica foram registados durante agosto de 2013, variando entre os valores mais baixos de 2,4% no local-3 e o valor mais alto de 11,5 no local-1, com um valor médio de 5,6. (Fig. 5.9)

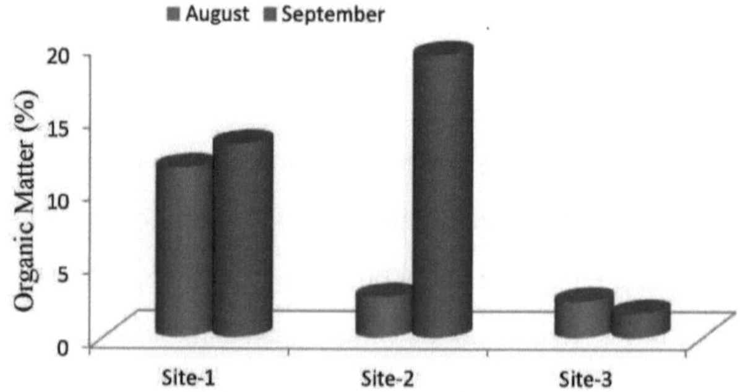

Fig 5.9. Variações nos valores de Matéria Orgânica da amostra de sedimentos em diferentes locais durante agosto-setembro de 2013.

Capítulo 6: Discussão

As propriedades físicas e químicas dos sedimentos reflectem a natureza da massa de água. Verificou-se que a concentração elementar dos sedimentos depende não só das fontes antropogénicas e litogénicas, mas também das caraterísticas texturais, do teor de matéria orgânica, da composição mineralógica e do ambiente de deposição dos sedimentos (Presley e Trefrey 1980). Os processos naturais responsáveis pela formação de sedimentos de fundo podem ser alterados por actividades antropogénicas. Os sedimentos de lagos, lagoas e rios fornecem uma base para reconstruir muitos aspectos deste impacto, para estimar taxas de mudança e para estimar uma linha de base no programa de monitorização ambiental (Eakins, 1983; Walling e He, 1993). É muito provável que a troca de nutrientes entre os sedimentos e a água sobrejacente dependa das caraterísticas químicas da água e dos sedimentos (Padmlal e Seralathan, 1997). Durante o presente estudo, os vários parâmetros físico-químicos parecem seguir uma tendência definida, mas alguns deles mostram um comportamento flutuante ao longo do tempo. Embora algumas das caraterísticas físico-químicas dos sedimentos da lagoa estejam inter-relacionadas, algumas delas apresentam desvios em relação a outras. O pH é um parâmetro simples, mas extremamente importante, uma vez que a maior parte das reacções químicas no ambiente aquático são controladas por qualquer alteração do seu valor. Durante o presente estudo, os valores de pH apresentaram variações significativas. O pH foi alcalino em agosto, enquanto em setembro foi ligeiramente ácido devido à descarga de efluentes (esgotos, resíduos comerciais e outros resíduos sólidos) das zonas circundantes. Marathe *et al.,* (2011) referiram que os esgotos e outros efluentes baixam o pH dos sedimentos. A tendência decrescente do pH de agosto a setembro em todos os locais pode ser atribuída ao aumento da temperatura, resultando no aumento da concentração de CO_2 e na acumulação de matéria orgânica nos sedimentos. A condutividade eléctrica da amostra foi mais elevada em todos os locais durante o mês de setembro devido a um maior número de iões, em comparação com agosto. A flutuação da condutividade eléctrica deve-se à flutuação dos sólidos totais dissolvidos e da salinidade

(pandey e pandey, 2003). A menor perda na ignição durante o mês de agosto pode dever-se à elevada percentagem de areia na amostra de sedimentos. A elevada perda por ignição em setembro pode ser atribuída ao elevado teor de argila da amostra.

O teor de cloreto da amostra foi mais elevado durante o mês de setembro no local-1, enquanto comparativamente baixo em agosto. A concentração mais elevada de cloreto é considerada um indicador de maior poluição devido a um maior volume de resíduos orgânicos. O presente estudo revelou uma concentração mais elevada de cálcio e magnésio durante o mês de setembro. Este facto pode dever-se à quantidade de cálcio e magnésio trocáveis e em forma de solução nas amostras de sedimentos. É também atribuído à meteorização dos minerais e à sua deposição nos sedimentos. O fósforo é um nutriente importante para a manutenção da fertilidade da massa de água. Durante a presente investigação, o valor do fósforo total foi mais elevado em setembro do que em agosto. Abowei e Sikoki (2005) referiram que uma grande quantidade de fósforo entra na massa de água através de fertilizantes superfosfatados do solo e de produtos químicos utilizados para melhorar o desempenho dos detergentes.

O carbono orgânico total tem a sua origem na matéria orgânica de fontes naturais, como materiais vegetais depositados nos sedimentos, ou em contribuições antropogénicas para os sistemas aquáticos (Adeyemo *et al.,* 2008). No presente estudo, o teor de carbono orgânico do sedimento foi mais elevado em setembro do que em agosto. A concentração da decomposição da matéria orgânica pode ser atribuída à variação do teor de carbono orgânico. Os sedimentos são uma fonte importante para a decomposição da matéria orgânica, que é efectuada em grande parte por bactérias (Abowei e Sikoki, 2005). O valor da matéria orgânica foi mais elevado em setembro do que em agosto. Isto pode ser devido às entradas alóctones de esgotos e outros resíduos comerciais (que podem ser ricos em carbono) que entram no tanque. Isto está de acordo com (Maya 2005) que observou que os esgotos eram responsáveis pelo aumento da matéria orgânica nos sedimentos do rio Periyar em Kerala.

CONCLUSÃO

A presente investigação indica que o sedimento da lagoa é afetado por várias actividades antropogénicas (esgotos, resíduos domésticos e comerciais). Os parâmetros físico-químicos, como o pH e a perda por ignição, registaram variações durante o período de estudo. No entanto, os outros parâmetros como o cloreto, o cálcio, o magnésio, o fósforo, o carbono orgânico, a matéria orgânica e a condutividade eléctrica mostraram flutuações durante os meses de agosto e setembro. O impacto global na lagoa resultou na deterioração da qualidade da água, na acumulação de águas residuais e na diminuição da área da lagoa. O estado de poluição da lagoa Piplani pode dever-se à drenagem direta de águas residuais não tratadas, tanto de origem doméstica como agrícola.

Capítulo 7: Referências

Abowei, J. F. N. e Sikoki, F. D. (2005). Water Pollution Management and Control, *Double Trust Publications Company, Port Harcourt;* ISBN: 97830380-20-16, pp: 236.

Adeyemo, O. K., Adedokun, O. A., Yusuf, R. K. e Adeleye, E. A. (2008). Alterações sazonais nos parâmetros físico-químicos e na carga de nutrientes dos sedimentos fluviais na cidade de Ibadan, Nigéria. *Global NEST Journal,* **10**(3): 326-336.

Ajao, F. A. e Fagade, S. O. (1991). A study of sediment communities in Lagos Lagoon, Nigeria. *J. Oil Chem. Pollut.,* **7**: 85-105.

Ansa, E. J. e Francis A. (2007). Caraterísticas dos sedimentos das planícies de Andoni, Delta do Níger, Nigéria. *J. Appl. Sci. Environ. Manage,* **11**(3): 21-25.

Atabatele, O. E., Morenike, O. A. e Ugwumba, O. A. (2005). Variação espacial dos parâmetros físico-químicos e da fauna de invertebrados bentónicos do rio Ogunpa, Ibadan. *The Zoologist,* **3**: 58-67.

Barbour, M. T., Gerritsen, J., Snyder, B. D. e Stribling, J. B. (1998). USEPA Rapid Bioassessment Protocols for Use in Streams and Wadeable Rivers (Protocolos de bioavaliação rápida da USEPA para utilização em cursos de água e rios navegáveis). Perifíton, Ma-croinvertebrados Bentónicos e Peixes. Segunda edição. EPA/841-B-98-010.U.S. *Environmental Protection Agency;* Office of Water; Washington, D.C.

Barbour, M. T., Gerritsen, J., Snyder, B. D. e Stribling, J. B. (1999). Rapid bioassessment protocols for use in and wadeable rivers- Periphyton, benthic macroinvertebrates, and fish (2d ed.): U.S. *Environmental*

Protection Agency, Office of Water, EPA 841-B-99.

Barnes, R. D. e Hughes, S. (1988). An Introduction to Marine Ecology. *2nd Edn., Blackwell Scientific Publications, UK,* pp. 351.

Battarbee, R. W. (1999). A importância da paleolimnologia para a recuperação de lagos. *Hydrobiologia,* **395/396**: 149-159.

Bhandarkar, SV. e Bhandarkar WR. (2013). Um estudo sobre a variação sazonal das propriedades físico-químicas em alguns ecossistemas lóticos de água doce no distrito de Gadchiroli, Maharashtra. *Int. J. of Life Sciences,* **1**(3): 207-215.

Biney, C., Amazu, A. T., Calamari, D., Kaba, N., Mbome, I. L., Naeve, H., Ochumba, P. B. O., Osibanjo, O., Radegonde, V. e Saad, M. A. H. (1994). Revisão dos metais pesados no ambiente aquático africano. *Ecotoxicologia e Segurança Ambiental,* **31**: pp. 134-159.

Bostrom, B., Andersen, J. M., Fleischer, S. e Jansson, M. (1988). Troca de fósforo através da interface sedimento-água. *Hydrobiologia,* **170**: 133-155.

Bragadeeswaran, S., Rajasegar, M., Srinivasan, M. e KanagaRanjan, U. (2007). Nutrientes da textura dos sedimentos do estuário de Arasalar, Karaikkal, costa sudeste da Índia. *Jornal de Biologia Ambiental,* **28**(2): 237-240.

Brenner, M., Keenen, L. W., Miller, S. J. e Schelske, C. L. (1999). Padrões Espaciais e Teporais de Sedimentos e Acumulação de Nutrientes em Lagos Raso da Bacia do Rio Upper St. Jhons, Florida. *Wetlands*

Ecology and Management, **6**: 221-240.

Chandrakiran e Sharma, K. (2013). Avaliação das caraterísticas físico-químicas dos sedimentos de um lago do Baixo Himalaia, Mansar, Índia. *Revista Internacional de Investigação em Ciências do Ambiente,* **2**(9): 16-22.

David, R. L., David, L. P. e Kenneth, W. E. K. (1981). Variable effects of sediment addition on streambenthos. *Hydrobiologia,* **79**: 187-194.

Davies, O. A. e Tawari, C. C. (2010). Efeitos da estação e da maré nas caraterísticas dos sedimentos do riacho trans-okpoka, estuário superior de Bonny, Nigéria. *Biol. J. N. Am.,* **1**(2): 89-96.

Eakins J. D. (1983). A técnica^{210} Pb para datar sedimentos e algumas aplicações. *In: Radioisotopes in sediment studies.* IAEA, Viena, pp. 317.

Etesin, V., Udoinyang, E. e Harry, T. (2013). Variação sazonal dos parâmetros físico-químicos da água e dos sedimentos do rio Iko, Nigéria. *Journal of Environment and Earth Science,* **3**(8): 96-110.

Ezekiel, E. N., Hart A. T. e Abowei, J. F. N. (2011). As caraterísticas físicas e químicas dos sedimentos no rio Sombrerio, Delta do Níger, Nigéria. *Revista de Investigação em Ciências do Ambiente e da Terra,* **3**(4): 341-349.

Galman, V., Petterson, G. e Renberg I. (2006). A Comparison of Sediment Varves (1950-2003 AD) in two Adjacent Lake in Northern Sweden. *Journal of Paleolimnology,* **35**: 837-853.

Gerhardt, S., Boos, K. e Schink B. (2010). Absorção e libertação de fosfato pelo sedimento litoral de um lago de água doce sob a influência da luz ou de perturbações mecânicas. *J. Limno.*, **69**(1): 54-63.

Haslam, S. M. (1990). Poluição dos rios: *An ecological perspective.* Belhaven Press. Londres, pp. 253.

Higgins, A., Beavis, S., Kirste, D. e Welch, S. (2006). Propriedades físico-químicas dos sedimentos: Loveday Disposal Basin, South Australia. *Consolidação e Dispersão de Ideias,* 139-143.

Hodson, P. V. (1986). Critérios de qualidade da água e a necessidade de monitorização bioquímica dos efeitos dos contaminantes no ecossistema aquático. *In: Qualidade da Água*

Gestão: Freshwater Eco-toxicity in Australia, Hart, B. T. (ed.), Melbourne Water Studies Center, pp. 7-21.

Ikomi, R. B., Arimoro, F. O. e Odihirin, O. K. (2005). Composição, distribuição e abundância de macroinvertebrados do curso superior do rio Ethiope, Estado do Delta, Nigéria. *The Zoologist,* **3**: 68-81.

Ivara, E. S. (1999). *Fundamentals of Pedology,* Ibadan: Stirling-Holden.

Jackson, M. L. (1973). Soil Chemical Analysis. *Printice Hall of India,* Pvt. Ltd. New Delhi.

Jones, B. F. e Wier, A. H. (1989). Clay minerals of Lake Albert, an alkaline, saline lake. *Clay Mineral,* **31**: 161-172.

Ju, J., Zhu, L., Wang, J., Xie, M., Zhen, X., Wang, Y. e Peng, P. (2010). Química da água e dos sedimentos do lago Pumayum Co, South Tibbat, China: Implicações para o Carbonato de Sedimentos Interpritantes. *JPaleolimnol,* **43**: 463-474.

Kunz , M. J., Anselmetti, F. S., Wuest, A., Wehrli, B., Vollenweider, A.,

Thuring S. e Senn, D. B. (2011). Acumulação de sedimentos e deposição de carbono, azoto e fósforo no grande reservatório tropical do Lago Kariba (Zâmbia/ Zimbabué). *Journal of Geophysical Research,* **116**: 1-13.

Li, Y. H., Takmastu, T. e Sohrin Y. (2007). Geochemistry of Lake Biwa Sediment Revisited. *Limnology,* **8**: 321-330.

Lokhande, R. S., Singare, P. U. e Pimple, D. S. (2011). Pollution in Water of Kasardi River Flowing Along Taloja Industrial Area of Mumbai, India. *World Environment (no prelo).*

Lokhande, R. S., Singare, P. U. e Pimple, D.S. (2011). Study on PhysicoChemical Parameters of Waste Water Effluents from Taloja Industrial Area of Mumbai, India (Estudo dos parâmetros físico-químicos dos efluentes de águas residuais da zona industrial de Taloja de Bombaim, Índia). *Inter-national Journal of Ecology (no prelo).*

Lokhande, R. S., Singare, P. U. e Pimple, D. S. (2011). Estudo da toxicidade de metais pesados poluentes em amostras de efluentes de águas residuais recolhidas em Taloja Industrial Estate of Mumbai, Índia. *Recursos e Ambiente (no prelo).*

Marathe, B. R., Marathe, V. Y., Sawant, P. C. e Shrivastav. (2011). Deteção de metais vestigiais em sedimentos superficiais do rio Tapti - um estudo de caso. *Arquivos de investigação científica aplicada,* **3**(2).

Marathe, R. B., Marathe, Y. V. e Sawant, C. P. (2011). Caraterísticas dos sedimentos do rio Tapti, Maharashtra, Índia. *Revista Internacional de Investigação Química,* **3**: 1179-1183.

Matisoff, G., Fisher, J. B. e Matis, S. (1985). Efeitos dos macroinvertebrados bentónicos na troca de solutos entre sedimentos e água doce. *Hydrobiologia,* **122:** 19- 33.

Maya, K. (2005). Estudos sobre a natureza e a química dos sedimentos e da água dos rios Periyar e Chalakudy, Kerala, Índia. Tese de doutoramento (publicada) apresentada à Universidade de Cochin, Kerala.

Mclusky, D. S. e Eliot, M. (1981). As Estratégias de Alimentação e Sobrevivência dos Moluscos Estuarinos. *In: Jones, N.V. e W.F. Wolff, (Eds.), Estratégias de Alimentação e Sobrevivência de Organismos Estuarinos.* Ciência Marinha. Plenum Press. Nova Iorque e Londres, **15:** 109-121.

Mucha, A. P., Vasconcelos, M.T.S.D. e Bordalo A. A. (2003). Comunidade macrobentónica no estuário do Douuro: relação com metais vestigiais e caraterísticas do sedimento natural. *Poluição Ambiental,* **121**: 169 -180.

Oschwald, W. R. (1972). Interações sedimento-água. *J. Environ. Qual.,* **1**: 360366.

Padmalal, D., Maya, K. e Seralathan, P. (1997). Geoquímica de Cu, Co, Ni, Zn, Cd e Cr em sedimentos superficiais de um estuário tropical, costa sudoeste da Índia, uma abordagem granulométrica. *Environ. Geol.* **31**: 85 - 93.

Page, A. L., Miller, R. H. e Keeney D. R. (1982). Métodos de análise do solo, Parte 2. Propriedades químicas e microbiológicas. Agronomy Monograph no.9 (2nd edition).

Pandey, Arun, K. e Pandey, G. C. (2003). Caraterísticas físico-químicas da descarga de águas residuais urbanas no rio Saryu em Faizabad-Ayodhya. *Him. J. Env. Zool.,* **17**: 85-91.

Praveena, S. M., Ahmed, A., Radojevic, M., Abdullah, M. H. e Aris, A. Z. (2007). Análise de agrupamento de factores e estudo de enriquecimento de sedimentos de mangais - um exemplo de Mengkabong, Sabah. *Malaysian J. Anal. Sci.,* **11**(2): pp. 421430.

Presley, B. J. e Trefry, J. B. (1980). Interações sedimento-água e a geoquímica das águas intersticiais. *In: Chemistry and biochemistry of estuaries* editado por E. Olaussion e I. Cato. Verlagchemie, Nova Iorque, pp. 187 - 232. Press, Nova Iorque. 352p.

Pulatsu, S., Akcora, A. e Koksal F. T. (2003). Caraterísticas do fósforo do sedimento e da água numa lagoa de origem primaveril, Sakaryabasi, bacias de nascentes, Turquia. *Sociedade de Cientistas de Zonas Húmidas,* **23**: 200-204.

Rauf, A., Javed, M., Ubaidullah, M. e Abdullah, S. (2009). Avaliação de metais pesados em sedimentos do rio Ravi, Paquistão. *Int. J. Agric. Biol.,* **11** (2): 197-200.

Rienks, S. M., Botha, G. A. e Hughes J. C. (2000). Algumas propriedades físicas e químicas dos sedimentos expostos em Gully (donga) no Norte de Kwazulu - Natal, África do Sul e a sua relação com a Erodibilidade das camadas coluviais. *Catena,* **39**:11-31.

Ryding S. O. (1985). Processos químicos e microbiológicos como reguladores da troca de substâncias entre sedimentos e água em lagos eutróficos pouco profundos. *Int. Revue. Ges. Hydrobiol,* **70**: 657-702.

Sahini, K. e Yadav, S., (2012). Variações sazonais nos parâmetros físico-químicos da lagoa Bharawas, Rewari, Haryana. *Asian J. Exp. Sci.,* **26**: 61-64.

Sharma, V., Sharma, K. K. e Sharma, A. (2013). Caracterização de sedimentos das secções inferiores de um rio do Himalaia Central, Tawi, Jammu (J e K), Índia. *Revista Internacional de Investigação em Ciências do Ambiente,* **2**(3): 51-55.

Singare, P. U, Lokhande, R. S. e Bhanage, S.V. (2011). Estudo da poluição da água devido a metais pesados nos lagos Kukshet de Nerul, Navi Mumbai, Índia. *Revista Internacional de Questões Ambientais Globais,* **11**(1): pp.79-90.

Singare, P. U., Lokhande, R. S. e Bhanage, S. V. (2011). Estudo da poluição da água dos lagos Shirvane e Nerul situados em Nerul, Navi Mumbai, Índia. *Inter disciplinary Environmental Review,* **12**(1): pp.1-11.

Singare, P. U., Lokhande, R. S. e Jagtap, A. G. (2010). Estudo da qualidade físico-química dos efluentes das águas residuais industriais da zona industrial de Gove, na cidade de Bhiwandi, em Maharashtra, Índia. *Inter disciplinary Environmental Review,* **11**(4): pp.263-273.

Singare, P. U., Lokhande, R. S. e Jagtap, A. G. (2011). Poluição da água por descargas de efluentes da zona industrial de Gove em Maharashtra, Índia: Dispersão de metais pesados e seus efeitos tóxicos. *Revista Internacional de Questões Ambientais Globais,* **11**(1): pp.28-36.

Singare, P. U., Lokhande, R. S. e Naik, K. U. (2011). Avaliação do impacto da poluição em algumas águas do lago localizadas na cidade de Thane e arredores de Maharashtra, Índia: Propriedades físico-químicas e efeitos tóxicos do teor de metais pesados. *Inter-disciplinary Environmental Review,* **12**(3): pp.215-230.

Singare, P. U., Trivedi, M. P. e Mishra R. M., (2011). Avaliação dos parâmetros físico-químicos do ecossistema de sedimentos de Vasai Creek em Mumbai, Índia, *Marine Science,* **1**(11): 22-29.

Singare, P. U., Lokhande, R. S. e Naik, K. U. (2010). A Case Study of Some Lakes Located at and Around Thane City of Maharashtra, India, with Special Reference to Physico-Chemical Properties and Heavy Metal content of Lake Water. *Inter disciplinary Environmental Review,* **11**(1): pp.90-107.

Sondergaard, M., Jensen, P. D. e Jeppesen, E. (2003). Role of sediment and Internal Loading of Phosphorus in Shallow Lakes (Papel do sedimento e da carga interna de fósforo em lagos rasos). *Hydrobiologia,* **506-509**: 135-145.

Stronkhorst, J., Brils, J., Batty, J., Coquery, M., Gardne, M., Mannio, J., O'Donnell, C., Steenwijk, J. e Frintrop, P. (25 de maio de 2004). Documento de discussão sobre o Guia de Monitorização de Sedimentos para a Diretiva-Quadro da Água da UE, Versão 2. Grupo de peritos da Diretiva-Quadro da Água da UE sobre Análise e Monitorização de Substâncias Prioritárias.

Suanon , F., Dimon, B., Mama, D. e Tomineti A. L. (2013). Estudo dos sedimentos da Barragem de Okpara (Benin): Caracterização físico-química e especiação de ferro e manganês. *Jornal de Recursos Hídricos e Proteção,* **5**: 709-714.

Tsai, L. J., Yu, K. C., Chen, S. F. e Kung, P. Y. (2003). Efeito da temperatura na remoção de metais pesados de sedimentos fluviais contaminados através da biolixiviação. *Water Res.,* **37**: 2449-2457.

Tukura, B. W., Gimba, C. E., Ndukwe, I. G. e Kim B. C. (2012). Caraterísticas físico-químicas da água e do sedimento no rio Mada, Estado de Nasarawa, Nigéria. *Revista Internacional de Meio Ambiente e Bioagência,* **1**(3)**:** 170-178.

Agência de Proteção Ambiental dos Estados Unidos (USEPA), 2002. *Water Quality Monitoring for Coffee Creek (Porter County, Indiana).* Recuperado de: http/www.usepa/research.htm.modecode=62-28-00-00.

Walling, D. E. e HE, Q. (1993). Towards improved interpretation of Cs-137 profiles in lake sediments, *In: Geomorphology and Sedimentology of lakes and reservoirs.* (J. Mamanus e D.W. Duck (eds), Wiley), Capítulo 4, pp. 3152.

info@omniscriptum.com
www.omniscriptum.com
OMNIScriptum

Printed by Books on Demand GmbH, Norderstedt / Germany